Mohammad Madani
Peyman Abbasi
Mahdi Abbasi

Investigação da recuperação de petróleo por inundação de vapor EOR utilizando modelos preditivos

Mohammad Madani
Peyman Abbasi
Mahdi Abbasi

Investigação da recuperação de petróleo por inundação de vapor EOR utilizando modelos preditivos

Imprint

Any brand names and product names mentioned in this book are subject to trademark, brand or patent protection and are trademarks or registered trademarks of their respective holders. The use of brand names, product names, common names, trade names, product descriptions etc. even without a particular marking in this work is in no way to be construed to mean that such names may be regarded as unrestricted in respect of trademark and brand protection legislation and could thus be used by anyone.

Cover image: www.ingimage.com

This book is a translation from the original published under ISBN 978-3-659-88385-9.

Publisher:
Sciencia Scripts
is a trademark of
Dodo Books Indian Ocean Ltd. and OmniScriptum S.R.L publishing group

120 High Road, East Finchley, London, N2 9ED, United Kingdom
Str. Armeneasca 28/1, office 1, Chisinau MD-2012, Republic of Moldova, Europe
Printed at: see last page
ISBN: 978-620-7-85641-1

ÍNDICE DE CONTEÚDOS:

Lista de símbolos

ΔS_O change in oil saturation before and after steam front passage ,fraction

i_s steam injection rate, cold water equivalent, B/D

ΔT Temperature Difference

φ porosity , fraction

F_s bottomhole injection steam quality, dimensonless

F_{hD} ratio of enthalpy of vaporization to liquid enthalpy, dimensionless

F_{os} cumulative ratio of oil displaced from steam zone to water injected as steam, dimensionless

t_D time of steam injection, dimensionless

t_f initial formation temperature, $^\circ$F

ht   gross formation thickness, ft

1. Introdução

1.1. Antecedentes

A maior parte dos recursos petrolíferos mundiais são hidrocarbonetos pesados e viscosos, difíceis e dispendiosos de produzir e refinar. Regra geral, quanto mais pesado ou denso for o petróleo bruto, menor será o seu valor económico. As extremidades menos densas e mais leves do petróleo bruto derivado de uma simples destilação de refinação são as mais valiosas. Os petróleos brutos pesados tendem a ter concentrações mais elevadas de metais e outros elementos, exigindo mais esforços e despesas para extrair produtos utilizáveis e eliminar os resíduos. Com a procura e os preços elevados do petróleo, e a produção da maioria dos reservatórios de petróleo convencional em declínio, a indústria está a concentrar-se, em muitas partes do mundo, na exploração do petróleo pesado. O petróleo pesado é definido como tendo 22,3°API ou menos. Os petróleos com 10°API ou menos são conhecidos como extra pesados, ultra pesados ou super pesados porque são mais densos do que a água.[1]

Embora a densidade do petróleo seja importante para avaliar o valor dos recursos e estimar a produção e os custos de refinação, a propriedade do fluido que mais afecta a produtibilidade e a recuperação é a viscosidade do petróleo. Quanto mais viscoso for o petróleo, mais difícil é a sua produção. Não existe uma relação padrão entre a densidade e a viscosidade, mas os termos "pesado" e "viscoso" tendem a ser utilizados indistintamente para descrever os petróleos pesados, porque estes tendem a ser mais viscosos do que os petróleos convencionais.[1]

A viscosidade de um óleo convencional pode variar entre 1 centipoise (cp) [0,001 Pa.s], a viscosidade da água, e cerca de 10 cp [0,01 Pa.s]. A viscosidade dos óleos pesados e extra-pesados pode variar entre menos de 20 cp [0,02 Pa.s] e mais de 1.000.000 cp [1.000 Pa.s]. O hidrocarboneto mais viscoso, o betume, é um sólido à temperatura ambiente e amolece facilmente quando aquecido. Uma vez que o petróleo pesado é menos valioso, mais difícil de produzir e mais difícil de refinar do que os óleos convencionais, coloca-se a questão de saber por que razão as empresas petrolíferas estão interessadas em dedicar recursos à sua extração. A primeira parte da resposta em duas partes é que, nas condições económicas actuais, muitos reservatórios de petróleo pesado podem agora ser explorados de forma rentável. A segunda parte da resposta é o facto de estes recursos serem abundantes.[1]

Os recursos petrolíferos totais do mundo ascendem a cerca de 9 a 13 x 1012 (triliões) de barris [1,4 a 2,1 triliões de m^3]. O petróleo convencional representa apenas cerca de 30% desse montante, sendo o restante constituído por petróleo pesado, petróleo extra-pesado e betume.[1]

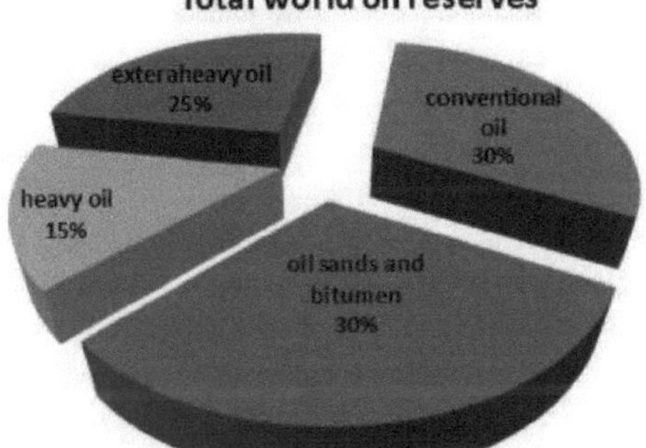

Figura 1.1: reserva mundial total de petróleo[1]

1.2. Métodos EOR

A fim de obter uma melhor exploração e aumentar a recuperação de petróleo, após a produção primária, devem ser utilizados métodos de EOR ou Enhanced Oil Recovery.

A recuperação avançada de petróleo é um termo genérico para as técnicas que permitem aumentar a quantidade de petróleo bruto que pode ser extraída de um campo petrolífero. A recuperação avançada de petróleo é também designada por recuperação melhorada de petróleo ou recuperação terciária (por oposição à recuperação primária e secundária). Por vezes, o termo recuperação quaternária é utilizado para designar técnicas de EOR mais avançadas e especulativas.[2-5]

Utilizando a EOR, podem ser extraídos 30 a 60 por cento ou mais do petróleo original do reservatório, em comparação com 20 a 40 por cento utilizando a recuperação primária e secundária.[6-8]

Definindo com exatidão a EOR, esta refere-se a qualquer método utilizado para recuperar mais petróleo de um reservatório do que seria produzido pela recuperação primária. Pode ser classificada em quatro ramos gerais:

- **Inundações de água**
- **Métodos térmicos:** estimulação por vapor, inundação de vapor, acionamento de água quente e combustão in situ.
- **Métodos químicos:** Inundação de polímeros, tensioactivos e miscelares/polímeros.
- **Métodos miscíveis:** gás de hidrocarboneto, CO2 e inundação de azoto (podem também ser considerados a injeção de gás de combustão e de gás parcialmente miscível/imiscível)

Como mencionado acima, o método de recuperação avançada de petróleo utiliza principalmente três tecnologias, incluindo a injeção térmica, a injeção de gás (miscível) e a injeção química. A tecnologia de injeção térmica é sobretudo utilizada para a extração de petróleo bruto de elevada viscosidade. A energia térmica é injectada no reservatório para aumentar a temperatura e reduzir a viscosidade do petróleo bruto. A injeção de vapor e a combustão in situ são métodos habitualmente utilizados para a injeção térmica.[9]

Os métodos de injeção de vapor amplamente utilizados são a drenagem gravítica assistida por vapor (SAGD), a estimulação cíclica por vapor (CSS) e a inundação por vapor. O método de injeção de vapor é sobretudo utilizado nas areias petrolíferas, com alguns projectos em curso no Canadá, na Califórnia e na Indonésia. O método SAGD é sobretudo utilizado nas areias betuminosas pesadas da região de Alberta. O método de inundação de vapor é utilizado em reservatórios de petróleo leve e pesado com uma profundidade inferior a 3.000 pés. O método in-situ é maioritariamente utilizado em reservatórios de arenito de petróleo pesado.[9]

Países como o Canadá e a Roménia têm alguns projectos em curso que utilizam o processo de combustão in situ. O método de injeção de gás é aplicável a reservatórios de petróleo leve. Utiliza especialmente CO2 em campos de carbonato e arenito. Prevê-se que a tecnologia de injeção de gás aumente por duas razões, incluindo a eliminação de gases com efeito de estufa e o aumento da recuperação de petróleo. Outros gases, como o hidrogénio e o azoto, são também utilizados para a recuperação de petróleo, mas em menor grau do que o CO2. O método de EOR química utiliza soluções alcalinas, polímeros e tensioactivos para aumentar a recuperação de petróleo. O objetivo do método de EOR química é reduzir a tensão interfacial entre a água e o petróleo através da utilização de soluções tensioactivas e controlar a mobilidade através da adição de polímeros. O polímero comummente utilizado no método EOR químico é a poliacrilamida hidrolisada. Os principais projectos de EOR química estão operacionais em países como a Índia, o Canadá e o Brasil.[9]

1.3. Inundação de vapor

A inundação de vapor é um importante processo de EOR aplicado a reservatórios de petróleo pesado. A inundação de vapor utiliza poços de injeção e produção separados para melhorar tanto a taxa de produção como a quantidade de petróleo que acabará por ser produzida. O vapor injetado aquece a formação à volta do poço e acaba por formar uma zona de vapor que cresce com a injeção contínua de vapor. O vapor reduz a viscosidade e a saturação do petróleo na zona de vapor para um valor baixo, empurrando o petróleo móvel (ou seja, a diferença entre as saturações inicial e residual do petróleo) para fora da zona de vapor. À medida que a zona de vapor cresce, mais óleo é deslocado da zona de vapor para a zona não aquecida antes da frente de vapor. Depois, o óleo acumula-se para formar um banco de óleo. A água quente condensada também se desloca através da frente de vapor, aquecendo e deslocando o óleo acumulado. O petróleo aquecido, com viscosidade reduzida, desloca-se em direção ao poço produtor e é produzido geralmente por elevação artificial.[10]

1.4. Mecanismo de inundação de vapor

A inundação de vapor utiliza poços de injeção e produção separados para melhorar a taxa de produção e a quantidade de petróleo que acabará por ser produzida. O calor do vapor injetado reduz a viscosidade do petróleo à medida que o fluido injetado conduz o petróleo do injetor para o produtor.[10]

À medida que o vapor se move através do reservatório entre o injetor e o produtor, cria tipicamente cinco regiões de diferentes temperaturas e saturações de fluido.[11] Todas estas regiões são mostradas na Fig. 1.2.

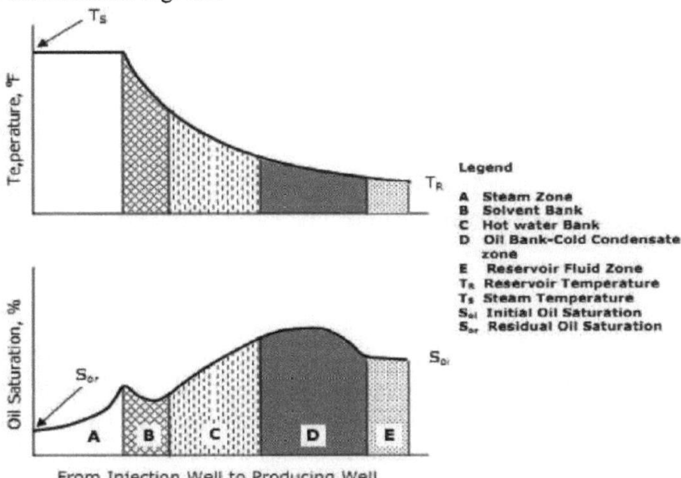

Figura 1.2: Perfil típico de temperatura e saturação da inundação de vapor (segundo Hong[11] , 1994)

À medida que o vapor entra no reservatório, forma uma zona saturada de vapor à volta do poço. Esta zona, aproximadamente à temperatura do vapor injetado, expande-se à medida que mais vapor é injetado. À frente da zona saturada de vapor (A), o vapor condensa-se em água à medida que perde calor para a formação e forma uma zona de condensado quente (B, C). Empurrados pela injeção contínua de vapor, os condensados quentes transportam algum calor à frente da frente de vapor para as regiões mais frias, mais afastadas do injetor. Eventualmente, o condensado perde o seu calor para a formação, e a sua temperatura é reduzida para a temperatura inicial do reservatório.[10]

Uma vez que estão activos diferentes mecanismos de deslocamento do petróleo em cada zona, a saturação do petróleo varia entre o injetor e o produtor. O mecanismo ativo e, por conseguinte, a saturação dependem principalmente das propriedades térmicas do petróleo. Na zona de vapor (A), a saturação do óleo atinge o seu valor mais baixo porque o óleo está sujeito à temperatura mais elevada. A saturação residual efectiva atingida é independente da saturação inicial, dependendo antes da temperatura e da composição do petróleo bruto. O petróleo é transferido da zona de vapor para a zona de condensado quente (B, C) por destilação a vapor à temperatura do vapor, criando um banco de solventes (B) de extremidades leves destiladas imediatamente antes da frente de vapor. O gás também é retirado do óleo nesta região.[10]

Na zona de condensado quente, o banco de solventes (B) gerado pela zona de vapor extrai óleo adicional da formação para formar uma unidade miscível com a fase de óleo. A alta temperatura nesta zona reduz a viscosidade do óleo e expande o óleo para produzir saturações inferiores às encontradas num fluxo de água convencional.[10]

O petróleo mobilizado é empurrado pelas frentes de vapor (A) e de água quente (C) que avançam. No momento em que o vapor injetado se condensou e arrefeceu até à temperatura do reservatório (na zona de condensado frio), formou-se um banco de petróleo (D). Assim, a saturação de óleo nesta zona é efetivamente superior à saturação inicial de óleo. O deslocamento nesta zona é representativo de um fluxo de água. Finalmente, na zona de fluido do reservatório (E), a temperatura e a saturação aproximam-se das condições iniciais.[10]

A diminuição da viscosidade do óleo(μ_o) com o aumento da temperatura é o mecanismo mais importante para a recuperação de óleos pesados. À medida que a temperatura do reservatório aumenta durante a injeção de vapor, a viscosidade do óleo(μ_o) diminui. A viscosidade da água(μ_w) também diminui, mas em menor grau. O resultado líquido do aumento da temperatura é a melhoria da razão de mobilidade água-óleo, M, definida da seguinte forma:

$$M = \frac{k_w \mu_o}{k_o \mu_w} \tag{1.1}$$

Onde kw e ko são as permeabilidades efectivas à água e ao óleo, respetivamente.

Com uma viscosidade do óleo mais baixa, as eficiências de deslocação e de varrimento da área são melhoradas. Assim, uma inundação de água quente recuperará mais óleo pesado do que uma inundação de água convencional, porque a altas temperaturas o óleo pesado comporta-se mais como um óleo leve.

A alteração da viscosidade do óleo com a temperatura é normalmente reversível. Por outras palavras, quando a temperatura volta a diminuir, a viscosidade do óleo volta aproximadamente ao seu valor original.[11]

Esta reversibilidade da alteração da viscosidade do óleo com a temperatura pode ser responsável pelo armazenamento de óleo. Quando uma frente de vapor se move através de um reservatório, a temperatura imediatamente à frente da frente aumenta, diminuindo assim a viscosidade do óleo. O óleo é prontamente deslocado da região de alta temperatura para uma área onde a temperatura pode ser considerada mais baixa. Nesta região de baixa temperatura, a viscosidade do óleo aumenta novamente, retardando assim o fluxo de óleo; consequentemente, uma grande quantidade de óleo acumula-se como um banco de óleo. Este banco, frequentemente observado durante a inundação com vapor de petróleo pesado, é responsável por elevadas taxas de produção de petróleo e por rácios baixos de água/óleo imediatamente antes ou no momento da rutura térmica no poço produtor.[11]

1.5. Critérios de seleção para inundações de vapor

Ao longo dos anos, foram propostos vários critérios de seleção para escolher o processo de recuperação térmica adequado para um determinado reservatório de petróleo. Concordamos com Prats[12] que cada reservatório deve ser examinado numa base individual, como se não existissem directrizes disponíveis. Isto é particularmente verdadeiro à medida que os preços do petróleo aumentam e a assistência governamental se torna disponível para ajudar a inundar com vapor os reservatórios mais difíceis.[13]

Certas propriedades dos reservatórios aumentam as hipóteses de sucesso da inundação por vapor. Por exemplo, areias espessas, baixa pressão, altas taxas e alto teor de óleo são fatores favoráveis. Naturalmente, a gama de propriedades dos reservatórios para projectos bem sucedidos aumentará com a melhoria da tecnologia e dos preços do petróleo. A pressão e a espessura do reservatório são os factores mais importantes. [13]

Vários factores devem ser tidos em consideração ao avaliar os reservatórios candidatos para a operação de injeção de vapor. Estes incluem a rocha do reservatório e as propriedades do fluido, as características do petróleo bruto, o histórico do campo e o estado atual do poço. [13]

1.5.1. Tipo de rocha

Qualquer formação que permita a injeção de vapor a uma taxa aceitável deve ser considerada para estudo adicional. Uma vez que o arenito tem geralmente elevada permeabilidade e o calcário e a dolomite têm baixa permeabilidade, a injeção de vapor tem sido aplicada principalmente a reservatórios de arenito não consolidados. No entanto, o vapor tem sido injetado com sucesso em reservatórios de arenito consolidado fracturado no Wyoming[14] e num reservatório de dolomite fracturado no sudoeste de França.[15]

1.5.2. Espessura da zona de pagamento

O critério da espessura da zona de pagamento é importante, uma vez que as perdas de calor de reservatórios finos podem ser bastante significativas. Isto irá diminuir a eficiência de aquecimento do processo térmico e pode também afetar negativamente a sua economia.

Zonas de carga de 30 a 150 pés de espessura são desejáveis para a inundação de vapor.

No entanto, foram realizados pilotos de inundação de vapor com sucesso no campo de Edison Groves (CA)[16] , que tem uma espessura de pay de apenas 12 pés. Padrões de área maiores, combinados com altas taxas iniciais de injeção de vapor, são oferecidos como o meio de recuperar o petróleo economicamente de reservatórios com secções de pay finas. Se a zona de carga for mais espessa do que 150 pés, o vapor teria dificuldade em varrer a formação uniformemente, uma vez que alguns fenómenos como a anulação de vapor ocorreriam nestas circunstâncias.[13]

1.5.3. Profundidade e pressão do reservatório

A pressão e a profundidade do reservatório são critérios de seleção inter-relacionados; a sua importância decorre da dificuldade que representam para a injeção de vapor num reservatório. [13]

O vapor é normalmente injetado em reservatórios pouco profundos. Com o aumento da profundidade, aumentam as perdas de calor no furo do poço, bem como para a sobrecarga e subcarga da formação. No entanto, a incorporação de tubulares isolados de injeção de vapor no fundo do poço nas operações planeadas do projeto reduzirá as perdas térmicas para o solo de sobrecarga e, por conseguinte, melhorará a eficiência do processo. Normalmente, as profundidades inferiores a 4.500 pés são preferidas para a injeção de vapor.

As altas pressões associadas aos reservatórios profundos também proíbem a utilização de vapor. Com o aumento da profundidade, a pressão de injeção de vapor aumenta geralmente com um aumento correspondente da temperatura do vapor. Se a pressão do reservatório for superior a 3.200 psig, a pressão crítica do vapor, a injeção de vapor é praticamente impossível. Além disso, com o aumento da pressão, o calor total do vapor (soma do calor latente e do calor sensível do vapor) diminui. [13]

Além disso, uma pressão elevada no reservatório pode levar a uma baixa taxa de injeção de vapor. Isto afectará a economia do processo devido ao aumento da perda de calor no poço, menores volumes de produção, maior duração do projeto e consequente aumento das perdas de calor para os estratos adjacentes. Idealmente, a pressão do reservatório deve ser inferior a 500 psig. [13]

1.5.4. Permeabilidade e Transmissibilidade

Embora uma permeabilidade superior a 100 mD seja aceitável, uma permeabilidade ao ar superior a 300 mD é desejável para inundações de vapor. As permeabilidades baixas resultariam em taxas de injeção mais baixas e, consequentemente, numa vida útil mais longa. Esta injeção lenta aumentaria as perdas de calor para a sobrecarga e subcarga da formação, bem como para o ar circundante durante a geração de vapor. Estas perdas de calor significam que é necessário consumir mais petróleo nos geradores de vapor para recuperar a mesma quantidade de petróleo que uma injeção de vapor mais curta num reservatório mais permeável. [13]

A transmissibilidade efectiva, T_i, de um reservatório para uma fase fluida "i" é definida pela equação:

$$T_i = \frac{k_i h_i}{\mu_i} \tag{1.2}$$

onde k_i é a permeabilidade à fase fluida i e μ_i é a viscosidade do fluido, e h_i é a espessura da camada. O rácio K_i/μ_i é designado por mobilidade do fluido.

A mobilidade do fluido é uma função do fluido, da saturação do fluido e da temperatura de deslocamento. As transmissibilidades adversas do fluido injetado e do fluido do reservatório tornam o processo de vaporização ineficiente. Uma baixa permeabilidade do reservatório e/ou uma viscosidade muito elevada do óleo resulta numa baixa mobilidade do óleo, dificultando assim o lançamento do processo de inundação de vapor. [13]

1.5.5. Estratificação

A inundação de vapor funciona geralmente melhor numa areia maciça sem estratificação. No entanto, é frequente encontrar reservatórios com filões de xisto. [13]

Se as camadas de xisto forem muito finas (<2 pés de espessura) e a continuidade da areia puder ser traçada do injetor ao produtor, a formação pode ainda ser utilizada para injeção de vapor.

Se as rupturas de xisto forem espessas, as areias de pagamento devem ser inundadas separadamente. Nestes casos, é utilizado um packer para separar a injeção de vapor para as areias superiores e inferiores, evitando assim a injeção na rutura de xisto. Se a fratura de xisto tiver mais de 40 pés de espessura, injecte as duas zonas separadamente. [13]

1.5.6. Anisotropia

Um reservatório anisotrópico é aquele em que as propriedades do reservatório variam arealmente. O efeito anisotrópico mais comum é a permeabilidade preferencial, que faz com que o fluido flua não radialmente a partir do poço de injeção. Desde que o poço de injeção e o poço de produção estejam em comunicação, a anisotropia não impedirá a injeção de vapor. [13]

1.5.7. Tampa de gás ou aquífero

Normalmente, as formações com um tampão de gás devem ser evitadas para a injeção de vapor. Se o vapor for injetado perto de um tampão de gás, o tampão de gás pode atuar como um sumidouro, ou seja, o vapor pode entrar no tampão de gás em vez de entrar no reservatório. Um pequeno tampão de gás, que pode ser inundado com água até à saturação de gás residual antes da injeção de vapor, pode ser tolerado. [13]

Uma vez que os reservatórios de petróleo com um aquífero subjacente (frequentemente designado por água de fundo) são bastante comuns, não podem ser excluídos da injeção de vapor. No entanto, se o vapor entrar no aquífero, todo o calor injetado será dissipado. Os projectos de injeção de vapor devem ser cuidadosamente concebidos para evitar esta possibilidade, na maioria dos casos. [13]

O vapor pode ser injetado no aquífero se este for muito mais fino do que a zona útil (por exemplo, um aquífero de 5 a 10 pés abaixo de uma zona útil de 30 a 50 pés, como no Campo Slocum, Condado de Anderson, Texas).[17] O aquífero fino é aquecido pelo vapor e conduz o calor para a zona de produção. O petróleo na zona útil é mobilizado e drena para o aquífero para ser produzido. [13]

1.5.8. Ângulo de imersão

Embora a maioria dos projectos de injeção de vapor até à data tenham sido realizados em reservatórios de baixa profundidade, o ângulo de profundidade não é uma restrição na seleção de candidatos à injeção de vapor. O campo de Brea[18] e os campos de Mid-Way Sunset da Califórnia são os melhores exemplos de reservatórios com mergulho onde o vapor foi injetado com sucesso. [13]

1.5.9. Porosidade

À medida que a porosidade aumenta, a quantidade de energia térmica necessária para aquecer a rocha reservatório diminui. Além disso, uma maior porosidade retém mais petróleo por unidade de volume de rocha reservatório. Idealmente, um reservatório que esteja a ser considerado para o steamflood deve ter uma porosidade de pelo menos 0,2 do ponto de vista da utilização de energia. O principal impacto da porosidade será no seu teor de óleo. Uma porosidade inferior a 0,2 só é aceitável se a saturação de óleo for superior a 0,65. [13]

1.5.10. Saturação de óleo

É necessário um teor mínimo de óleo (o produto da saturação de óleo e da porosidade) para satisfazer os requisitos energéticos de um processo de inundação de vapor. Uma regra geral na indústria petrolífera diz que o produto da saturação de óleo e da porosidade $(\emptyset \times S_{oi})$ deve ser de pelo menos 0,13 para a inundação por vapor. Assim, se a porosidade for de 0,2, a saturação do óleo deve ser de pelo menos 0,65. Para os óleos leves que podem ser inundados até uma saturação residual inferior, o teor de óleo deve ser superior a 0,08. [13]

Esta combinação de porosidade e saturação de óleo implica que o reservatório deve ter óleo recuperável suficiente para cobrir as necessidades energéticas do processo e fornecer produção adicional para tornar o processo economicamente atrativo. Verificou-se que é possível efetuar a inundação de vapor com valores de teor de óleo inferiores a 0,1 em reservatórios de petróleo pesado. Assim, não podem ser dadas orientações gerais sobre o teor mínimo de óleo necessário para um projeto viável de inundação de vapor. Os reservatórios individuais devem ser analisados de forma independente. A única linha de orientação válida para o teor de óleo é que este deve ser suficientemente elevado para suprir as necessidades energéticas do processo e fornecer uma produção adicional de óleo suficiente para tornar o processo económico. [13]

1.5.11.   Conteúdo de argila

O teor de argila de um reservatório não é uma restrição na seleção de um candidato à injeção de vapor. Os reservatórios com ou sem argilas não inchadas podem ser utilizados para projectos de injeção de vapor. Alguns reservatórios contêm argilas sensíveis à água que incham quando entram em contacto com vapor ou água injetados. As argilas inchadas reduzem grandemente a permeabilidade da formação. [13]

Se o reservatório contiver argilas expansivas que não possam ser controladas e a permeabilidade efectiva for reduzida para menos de 100 md, este reservatório deve ser excluído da injeção de vapor. [13]

1.5.12.   Características do petróleo bruto

Gravidade - Os petróleos brutos com gravidades de 6° a 50° API são passíveis de injeção de vapor. A injeção de vapor tem sido normalmente bem sucedida em petróleos pesados de 8° a 25° API de gravidade. Na gama entre 26° e 50° API, a destilação a vapor é o principal mecanismo de recuperação. A maior parte dos campos que produzem petróleo com gravidade superior a 40° API estão a mais de 5.000 pés de profundidade, uma profundidade que antigamente era impraticável para injetar vapor. No entanto, com o desenvolvimento da tubagem isolada, é agora possível recuperar óleos leves destas formações muito profundas. [13]

Viscosidade - uma vez que é necessária uma mobilidade mínima do óleo à temperatura do reservatório para que um processo de deslocamento funcione, é normalmente imposto um limite superior à viscosidade do óleo para o processo de injeção de vapor. Estes valores estão na faixa de 15.000 cP para steamflood. Para o steamflooding, Yan et al.[19] relataram uma diminuição na recuperação de 32 para 29% quando a viscosidade foi aumentada de 500 cP para 4.000 cP para um reservatório de 15 pés de espessura. Doscher[20] , com base em estudos de modelos físicos à escala, concluiu que os crudes muito viscosos não podiam ser recuperados economicamente. No entanto, a injeção de vapor tem sido realizada com sucesso em reservatórios canadianos que contêm crudes altamente viscosos. Estes incluem Cold Lake, Primrose, Peace River, etc. [13]

1.5.13.   História da produção primária e secundária

A inundação de vapor pode ser implementada em qualquer fase da vida do reservatório. No entanto, é normalmente utilizado como um processo secundário em reservatórios de petróleo pesado. Um campo que produz durante a produção primária é muito provavelmente uma boa perspetiva de inundação de vapor. O historial de produção primária ou secundária também fornece uma curva de declínio da produção que pode ser utilizada como base para avaliar a eficácia da injeção de vapor. Qualquer produção de petróleo acima da curva de declínio extrapolada pode ser atribuída à injeção de vapor. Apenas este petróleo de inundação de vapor deve ser utilizado no cálculo da economia da inundação.[13]

1.5.14.   Espaçamento e estado dos poços

Normalmente, os poços de recuperação primária ou de inundação de água são perfurados com um espaçamento entre poços de 40 acres. Este espaçamento não é adequado para a maioria dos reservatórios em inundação de vapor porque se perderá calor excessivo entre os injetores e os produtores. Embora os padrões de inundação de vapor possam ser tão grandes quanto 20 acres (espaçamento de 10 acres), um espaçamento menor melhorará a eficiência da varredura vertical e da área. Idealmente, é preferível um espaçamento de 2,5 acres ou menos. [13]

Durante a inundação por vapor, tanto os poços de injeção como os de produção serão sujeitos a um elevado stress térmico devido à exposição ao vapor vivo ou ao fluido produzido quente. Qualquer poço antigo ou poços não equipados para lidar com este stress devem ser trabalhados. Os poços com furos no revestimento devem ser reparados antes de uma inundação de vapor. [13]

1.5.15.   Configuração de padrões

Embora um poço produtor num padrão confinado possa capturar todo o fluido móvel dentro do padrão, esses padrões têm uma relação desfavorável entre o poço produtor e o poço injetor. Por outro lado, um padrão não confinado tem uma relação favorável entre o poço produtor e o poço injetor, mas perde uma grande parte dos fluidos móveis fora do padrão. Por conseguinte, se possível, são preferíveis padrões múltiplos com mais de um injetor e produtor. [13]

1.5.16.   Abastecimento de água e combustível

O bom funcionamento de um projeto de inundação de vapor depende da disponibilidade de água de alimentação de boa qualidade e em quantidade suficiente. Pode ser utilizada água de rio, água de lago ou água de produção de diferentes formações. A água de produção da formação que está a ser inundada também pode ser utilizada como água de alimentação do gerador, se for corretamente tratada. A qualidade da água bruta determina a quantidade de tratamento necessária. [13]

É necessário dispor de combustível suficiente para acender o gerador de vapor, de modo a que possa ser produzido continuamente vapor de alta qualidade. Podem ser utilizados combustíveis como o gás natural ou o gasóleo. Quando a produção de petróleo atingir um nível estável, parte do crude produzido poderá ser utilizado como combustível para o gerador. [13]

1.5.17.   Eliminação de água

A água produzida pode por vezes ser utilizada como água de alimentação do gerador após tratamento. O resto da água produzida, após a remoção das partículas de óleo, deve ser eliminado corretamente. A água produzida após o tratamento, por exemplo, pode ser eliminada através da injeção num poço de eliminação situado numa formação diferente. Se a eliminação da água for um problema na área, o campo não deve ser considerado para injeção de vapor. [13]

2. Revisão da literatura

Um projeto de inundação a vapor passa tipicamente por quatro fases de desenvolvimento: (1) seleção do reservatório; (2) testes-piloto; (3) implementação em todo o terreno; e (4) gestão do reservatório.

A previsão de desempenho é essencial para fornecer informações para a execução adequada de cada uma dessas fases de desenvolvimento. Três modelos matemáticos diferentes (modelos estatísticos, numéricos e analíticos) são normalmente usados para prever o desempenho da inundação de vapor, que são chamados brevemente de SFPM ou modelo preditivo de inundação de vapor.[10]

2.5. Tipos de modelos preditivos

Os modelos estatísticos (correlacionais) baseiam-se normalmente nos dados históricos do desempenho da inundação de vapor de outros reservatórios que têm propriedades semelhantes de petróleo e rocha.

Esta é a razão pela qual os modelos estatísticos não dão um resultado único para um reservatório em particular.

Os modelos mais simples de previsão de inundação de vapor são os modelos correlacionais (baseados em correlação). Estes modelos prevêem o fator de recuperação e/ou outros parâmetros, tais como os parâmetros económicos, com base em muito poucos dados de entrada, como a porosidade, a permeabilidade, etc. Além disso, podem ser obtidos a partir da investigação de apenas um reservatório, razão pela qual a sua utilização está essencialmente limitada a esse reservatório, por exemplo, uma amostra. Esta é uma desvantagem importante dos modelos correlacionais.

Os modelos numéricos requerem normalmente uma extensa informação sobre o reservatório (geometria e distribuição de propriedades), os seus fluidos (saturação, pressões, propriedades e condições iniciais), os poços (localização, abertura de intervalos, efeito de pele e modelo de poço a utilizar), as variáveis operacionais (taxas, pressões e os condicionalismos de ambas) e longos cálculos em computador. Podem ser extremamente abrangentes e servir melhor como ferramentas de investigação ou de análise avançada de reservatórios.[10]

Entretanto, os modelos analíticos podem ser muito mais económicos à custa da precisão e da flexibilidade e servem como ferramentas para a seleção de possíveis candidatos a reservatórios para testes no terreno. Especificamente, as propriedades do reservatório, como a permeabilidade e a porosidade, são entradas necessárias para cada bloco da grelha, e podem ser utilizados vários conjuntos de permeabilidades relativas e pressões capilares para descrever o reservatório.

Por outras palavras, o simulador requer mais informações sobre a distribuição de propriedades no reservatório do que as normalmente disponíveis.[10]

Em contrapartida, os modelos analíticos requerem geralmente a introdução de poucos dados, mas críticos. Frequentemente, assume-se que a deslocação é do tipo pistão. Isto significa que há uma queda acentuada na saturação de óleo ao longo da frente de deslocamento, deixando uma quantidade uniformemente baixa de óleo na zona varrida. Existem alguns modelos analíticos para estimar a taxa de produção de vapor. Em todos estes modelos, certas hipóteses simplificadoras têm de ser feitas para resolver as equações complexas do calor e do fluxo de fluido.

Nos métodos analíticos, o reservatório é tipicamente assumido como homogéneo. Uma vez que é muito mais rápido obter resultados a partir de modelos analíticos do que a partir de simulação, os modelos analíticos continuam a ser ferramentas úteis para fins de previsão preliminar e estudos de sensibilidade.[10]

O Modelo Preditivo de Inundação de Vapor (SFPM) foi desenvolvido para o Departamento de Energia (DOE) pela Intercomp Resource Development and Engineering, Incorporated, que agora faz parte da Scientific Software-Intercomp (SSI) Denver, Colorado. O modelo foi desenvolvido para estimar o petróleo recuperável de reservatórios passíveis do processo de inundação de vapor, exigindo dados publicamente disponíveis. Os dados disponíveis ao público são geralmente limitados às propriedades médias das rochas e dos fluidos e são normalmente demasiado limitados para realizar a maioria dos estudos de simulação.[21]

O SFPM é aplicável ao processo de acionamento por vapor, mas não a processos cíclicos de injeção de vapor (steam soak). A arquitetura do SFPM é semelhante à dos outros modelos preditivos da série: combustão in-situ, inundação de polímeros/água, inundação química (Paul et al, 1982) e inundação miscível de CO2 (Paul et al, 1984).[21]

Existem quatro algoritmos distintos de previsão da recuperação de petróleo no SFPM: o modelo de Williams et al (1980), também conhecido como modelo do Stanford University Petroleum Research Institute (SUPRI), o modelo de Jones (1981), o modelo de Gomaa (1980) e o modelo Intercomp (Aydelotte e Pope, 1983)[21] dos quais serão abordados os modelos de Gomaa e Jones.

Uma vez que praticamente os quatro modelos acima referidos se baseiam na transferência de calor, apresenta-se agora uma revisão dos modelos centrados nos balanços térmicos.

2.6. Breve revisão da literatura sobre modelos de equilíbrio térmico

Foram publicados vários modelos analíticos para o desempenho da produção de vapor por inundação. Nesta secção, será apresentada uma revisão da literatura que abrange os principais modelos analíticos.

2.2.1. Método de Marx e Langenheim (1959)[22]

Muitos dos métodos simplificados atualmente disponíveis baseiam-se no modelo de aquecimento de reservatórios de Marx e Langenheim (1959). O modelo de Marx e Langenheim (1959) considera a injeção de fluido quente num poço a uma taxa e temperatura constantes.

O elemento de operação consiste num sistema de fluxo radial, concêntrico em torno do ponto de injeção. Assumiram que a temperatura da zona aquecida é uniforme à temperatura de fundo do poço do fluido injetado (Ts) e que a temperatura do reservatório fora da zona aquecida é a temperatura inicial e de referência (TR). O modelo de temperatura de Marx-Langenheim está representado esquematicamente na Fig. 2.1.[22]

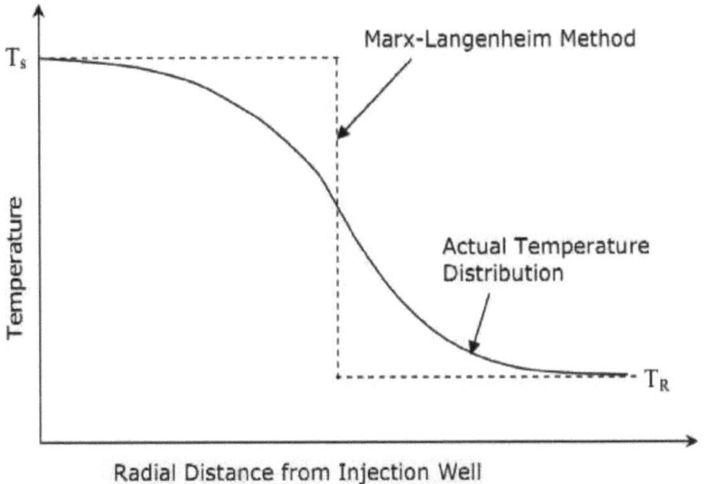

Figura 2.1: Perfil de temperatura do modelo de Marx-Langenheim[22]

O seu modelo baseia-se basicamente numa relação de equilíbrio térmico entre a taxa de calor injetado, a taxa de perda de calor para os estratos sobrejacentes e subjacentes e a taxa de fluxo de calor para o reservatório.

Uma vez que este modelo é o mais simples de entre outros modelos de equilíbrio térmico, é aqui investigado mais especificamente.

2.2.1.1 Introdução

A injeção de um fluido portador de calor num reservatório é frequentemente proposta como um meio de produção secundária ou terciária de petróleo.

Esta forma de recuperação térmica pode oferecer uma aplicação mais ampla aos reservatórios de petróleo convencionais do que a combustão subterrânea, uma vez que o processo é mais facilmente controlado e os requisitos do reservatório, em geral, são menos críticos.

Devido à sua grande capacidade térmica bruta, o vapor parece ser o meio de injeção de calor mais eficiente, embora também tenham sido utilizadas misturas de vapor e outros gases, água quente, óleo quente e gases quentes não condensáveis.[22]

2.2.1.1   Desenvolvimento matemático

O elemento de funcionamento consiste num sistema de fluxo radial, concêntrico em torno do ponto de injeção, com o perfil de temperatura idealizado da função degrau ilustrado pela linha tracejada na Fig. 2.1. A curva sólida apresentada na Fig. 2.1 dá uma imagem qualitativa da verdadeira distribuição radial da temperatura.[22]

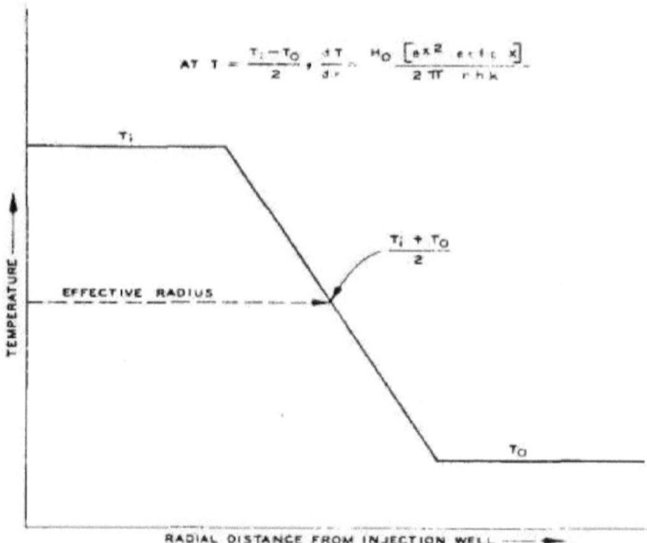

Figura 2.2: Interpretação alternativa do raio da zona aquecida[14]

Será mostrado mais tarde que as expressões dadas abaixo, que são derivadas da idealização da etapa simplificadora (linha tracejada na Fig. 2.1), também podem ser interpretadas em termos da distribuição de temperatura mais realista mostrada na Fig. 2.2. Para este caso, o raio de invasão térmica é simplesmente redefinido como a distância do poço de injeção ao ponto médio da distribuição de temperatura.

A taxa máxima prática de injeção de calor (H_0) que pode ser mantida durante a vida do projeto deve ser avaliada através de cálculos suplementares do reservatório ou, de preferência, através de testes-piloto no terreno. A utilização do adjetivo prático em relação a Ho implica que o seu valor pode ser limitado quer pela capacidade de injeção do reservatório quer por limitações de investimento de capital na dimensão da central térmica.[22] Para uma taxa de injeção de calor constante H_0, obtém-se um balanço térmico direto:

$$H_0 = 2 \int_0^t \left[\frac{K\,\Delta t}{\sqrt{\pi\,D\,(t-\lambda)}} \right] \left(\frac{dA}{d\lambda} \right) d\lambda + Mh\,\Delta T\, \frac{dA}{dt} \qquad (2.1)$$

Onde o primeiro termo à direita representa o fluxo de calor não produtivo perdido para a sobrecarga e a subcarga, e o segundo termo descreve o fluxo de calor produtivo para a zona de pagamento.

A Eq. 2.1 é análoga à equação que descreve o fluxo de fluido numa fratura em crescimento limitada por superfícies permeáveis. R. D. Carter[23] demonstrou que a solução integrada para o caso da fratura pode ser obtida através da utilização da transformação de Laplace. Seguindo o seu procedimento e resolvendo para a área aquecida A(t), em qualquer momento t, obtém-se:

$$A\,(t) = \left[\frac{H_0\,M\,h\,D}{4\,k^2\,\Delta t} \right] \left[e^{x^2} erfc\,x + \frac{2x}{\sqrt{\pi}} - 1 \right] \qquad (2.2)$$

Daqui se conclui que:

$$\frac{dA}{dt} = \left[\frac{H_0}{Mh\,\Delta T}\right]\left[e^{x^2}\,erfc\;x\right] \tag{2.3}$$

Os símbolos utilizados nas equações anteriores têm as definições e dimensões dadas a seguir:

$$x = \left[\frac{2\,K}{M\,h\,\sqrt{D}}\right] t^{1/2} \tag{2.4}$$

$$M = [(1 - \varphi)\rho_T C_T] + \varphi(S_w\rho_w C_w + S_o\rho_o C_o) \quad \text{Btu/cuft-F} \tag{2.5}$$

A notação, erfc x, empregue nas Eq. 2.2 e 2.3, tem o seguinte significado:

$$erf\;x = \frac{2}{\sqrt{\pi}}\int_x^\infty e^{-\beta^2}\,d\beta = 1 - \frac{2}{\sqrt{\pi}}\int_0^x e^{-\beta^2}\,d\beta \tag{2.6}$$

Aqui o segundo integral à direita é a conhecida função de erro, erf x. Esta definição é incluída para fins de informação geral.

As expressões derivadas até este ponto, com base na curva tracejada da função degrau de temperatura altamente idealizada da Fig. 2.2, podem ser interpretadas em termos da distribuição de temperatura mostrada na Fig. 2.2. Considerando um simples balanço de calor para o fluxo de calor produtivo na zona de pagamento, segue-se da Eq. 2.3 que:

$$Mh\Delta T\,\frac{dA}{dt} = H0\,(e^{x^2}\,erf\,x) = 2\,\pi rhk\,\frac{dT}{dr} \tag{2.7}$$

onde r é a distância do poço de injeção ao ponto médio da distribuição de temperatura e dT/dr é o gradiente de temperatura nesse ponto. Estas considerações produzem:

$$\frac{dT}{dr} = \frac{H_0\,(e^{x^2}\,erf\,x)}{2\,\pi rhk} \tag{2.8}$$

A partir do qual se pode construir o perfil ainda idealizado, mas um pouco mais realista, da Fig. 2.2.

2.2.1.2 Taxa de deslocamento de óleo

Usando os valores de dA/dt obtidos da Eq. 2.3, juntamente com fatores de conversão de unidades adequados, segue-se que a taxa de deslocamento de óleo para o reservatório idealizado é dada por:

$$q_o = 4.273\left[\frac{H0\,\emptyset\,(S_0 - S_{or})}{M\Delta T}\right]\,(e^{x^2}\,erf\,x) \tag{2.9}$$

em que q_o = taxa de deslocação do óleo do depósito em barris/dia e S_{or} = saturação residual irredutível do óleo do depósito.

O petróleo deslocado, tal como o termo é aqui utilizado, não é o mesmo que petróleo produzido. Embora entre 80 e 100 por cento do petróleo deslocado deva, em última análise, ser produzido a partir de padrões de poço padrão, haverá um intervalo de tempo entre a deslocação e a produção.

O facto de não se ter tido em conta esta caraterística fez com que muitos dos testes de campo anteriores fossem terminados prematuramente.[22]

A este respeito, deve ser salientado que o acionamento térmico, como a injeção de vapor, corresponde à inundação com um fluido de viscosidade muito elevada. Este tipo de inundação deverá resultar numa excelente eficiência de varrimento areolar se for continuado durante tempo suficiente para cobrir um determinado padrão de poço.[22]

Note-se que a taxa de deslocação do petróleo neste modelo é combinada com alguns modelos preditivos para obter a taxa de produção real de petróleo, que são discutidos mais tarde.

2.2.2. Método de Mandl e Volek (1969)[24]

Posteriormente ao modelo de Marx-Langenheim, Mandl e Volek desenvolveram um modelo de aquecimento de reservatório mais rigoroso, que considera o transporte de água quente antes da frente de vapor de condensação.

Eles introduziram um certo tempo crítico, t_c, que depende da espessura do reservatório, da temperatura e da qualidade do vapor. O tempo crítico marca uma mudança importante no fluxo de calor através da frente de condensação, que é puramente condutivo durante $0 < t < t_c$, torna-se predominantemente convectivo em $t \geq t_c$.

O transporte convectivo de calor da zona de vapor para a zona líquida não começa no início de um processo de vaporização, mas sim num momento posterior, ou seja, no tempo crítico. Antes do tempo crítico, o modelo de Marx-Langenheim é o mesmo que o modelo de Mandl e Volek. No entanto, após o tempo crítico, a descrição do crescimento da zona de vapor deve ser desenvolvida recorrendo a limites superiores e inferiores para a solução exacta do problema.[10]

2.2.3. Método de Boberg e Lantz (1966)[25]

Boberg e Lantz desenvolveram um modelo de injeção cíclica de vapor, baseado no modelo de Marx-Langenheim. O seu modelo assume que existe energia suficiente no reservatório para produzir petróleo à temperatura inicial do reservatório (TR) antes da injeção de vapor.

O método de Boberg e Lantz funciona bastante bem para reservatórios relativamente finos com energia suficiente para produzir em condições não estimuladas. Mas o seu método não é satisfatório para reservatórios espessos e de baixa pressão, onde a maior parte do petróleo produzido deve provir da zona aquecida.[10]

2.2.4. Método Newman (1975)[26]

O método de Newman tem em conta a anulação do vapor. As equações do modelo desenvolvido por Newman permitem estimar a taxa de aumento da espessura da zona de vapor e a extensão da área, o volume de petróleo deslocado da zona de vapor e da zona de água quente subjacente, a taxa de injeção que manterá uma área constante da zona de vapor e o petróleo adicional deslocado após a paragem da injeção de vapor.[10]

2.2.5. Método de Myhill e Stegemeier (1978)[27]

O método de Myhill e Stegemeier é essencialmente uma relação de energia baseada no modelo de Marx e Langenheim.

O crescimento da zona de vapor é calculado utilizando uma versão ligeiramente modificada do método de Mandl e Volek, de modo a que o volume da zona de vapor desapareça quando não é injetado vapor. O rácio óleo vapor é calculado assumindo que o óleo produzido é igual ao volume de poros da zona de vapor vezes a variação da saturação de óleo.[10]

2.2.6. Modelos preditivos de recuperação de óleo por inundação de vapor

Como já foi referido, os modelos de balanço térmico são apenas a base dos modelos preditivos, sem os quais não é possível prever o fator de recuperação de petróleo. Dos quatro modelos de previsão, dois são importantes e prevêem diretamente a recuperação de óleo, o que é discutido em pormenor aqui.

2.2.7. Método[28] de Jeff Jones

Jeff Jones apresenta um modelo baseado no trabalho publicado por Van Lookeren[29] e Myhill- Stegemeier.

O modelo de Jeff Jones está dividido em duas partes diferentes. A primeira parte do modelo calcula uma taxa óptima de injeção de vapor para um determinado conjunto de parâmetros de vapor e de reservatório através do método proposto por Van Lookeren.

A segunda parte do modelo utiliza a taxa de vapor óptima (ou uma dada taxa de vapor) e os dados relacionados calculados na primeira parte em conjunto com dados adicionais para prever o histórico de produção de petróleo.

A taxa de deslocamento de óleo de Myhill-Stegemeier é convertida para a taxa de produção de óleo de Jeff Jones com base na correlação com diferentes projectos de inundação de vapor.

A conversão da taxa de deslocamento de Myhill-Stegemeier para a taxa de produção é feita assumindo que o processo de inundação de vapor tem as seguintes três fases principais de produção.[28]

A primeira fase de produção é dominada pela viscosidade inicial do petróleo e possivelmente é afetada pelo enchimento do reservatório se existir uma área vazia significativa. O primeiro é mais pronunciado para óleo altamente viscoso e quase inexistente para óleos de baixa viscosidade, uma vez que o fluxo através de um meio poroso é inversamente proporcional à viscosidade do fluido.

Para uma determinada área padrão e viscosidade do óleo, o vapor inicial injetado condensa rapidamente e a fase aquosa canaliza através da fase oleosa mais viscosa. Esta canalização precoce é inevitável em grande medida, como mostra um cálculo rápido da equação do fluxo radial.

Sem o mecanismo de canalização, seria impossível injetar vapor ou água a taxas e pressões tipicamente observadas em projectos de campo. À medida que o vapor ou a água quente aquece mais área do reservatório, mais petróleo é deslocado e a taxa de produção aumenta até que uma certa fração crítica da área padrão seja varrida.[28] A segunda fase de produção é normalmente dominada pela mobilidade do hot-oil e pela permeabilidade do reservatório, e a taxa de produção é essencialmente a taxa de deslocamento. É no início deste período que ocorre o pico de produção, normalmente referido como chegada do banco de petróleo.

A duração desta segunda fase é agora controlada pela quantidade de óleo restante no padrão e/ou pela eficiência de aquecimento do reservatório.[28] A terceira fase de produção é dominada pela fração móvel remanescente do petróleo original no local.[28]

2.2.7.1 Cálculo do deslocamento do óleo Jeff Jones

Como foi referido anteriormente, o método utilizado é basicamente o proposto por Myhill e Stegemeier. A taxa de deslocamento do óleo é uma função de Fos, que por sua vez é uma função de Ehs ou eficiência térmica global do reservatório. A fórmula para o cálculo de Ehs é a seguinte:

$$E_{sh} = \frac{1}{t_D} \left(e^{t_D} \operatorname{erfc}\sqrt{t_D} + 2\sqrt{t_D/\pi} - 1 \right) \quad , \; if \; t_D \leq t_{cD} \tag{2.10}$$

$$E_{sh} = \frac{1}{t_D} \left(e^{t_D} \operatorname{erfc}\sqrt{t_D} + 2\sqrt{t_D/\pi} - 1 \right) - \sqrt{\frac{t_D - t_{cD}}{\pi}} \left(\frac{1}{1+F_{hD}} + \frac{t_D - t_{cD} - 3}{3} e^{t_D} \operatorname{erfc}\sqrt{t_D} - \frac{t_D - t_{cD}}{3\sqrt{\pi t_D}} \right. \tag{2.11}$$

If $t_D > t_{cD}$

$$t_D = \frac{42048 \, k_h t}{h_t^2 \, M} \tag{2.12}$$

Onde,

A constante na última equação assume que a capacidade térmica da rocha de base e da rocha de cobertura é 1,2 vezes superior à do reservatório e converte o tempo para uma base anual. O tempo sem dimensão é baseado numa correlação:

$$t = 0.48 F_{hD}^{1.71} \tag{2.13}$$

Qualidade do vapor sem dimensões:

$$F_{hD} = \frac{f_s h_{fg}}{c_w \Delta T} \tag{2.14}$$

Onde,

$$h_{fg} = 865 - 0.207 p_s \tag{2.15}$$

A função erfc pode ser estimada a partir da equação de Effigner e Wasson:

$$\operatorname{erfc}\sqrt{t_D} = (0.2548292k - 0.284496736k^2 + 1.421413741k^3 - 1.453152027k^4 + 1.061405429k^5) \tag{2.16}$$

Onde,

$$k = \frac{1}{1 + 0.3275911\sqrt{t_D}}$$

Rácio acumulado de petróleo produzido e água injectada:

$$F_{os} = \frac{\rho_w c_w}{M_1} \frac{h_n}{h_t} \Delta s_o \, \varphi \, (1 + F_{hD}) E_{hs} \tag{2.17}$$

Com as informações anteriores, a deslocação cumulativa de óleo é calculada como:

$$N_d = F_{os} V_{s.nj} \tag{2.18}$$

A taxa de deslocação do óleo é a derivada temporal da função Nd:

$$q_{od} = \frac{N_{dn} - N_{dn-1}}{\Delta t} \tag{2.19}$$

Este cálculo da deslocação do óleo é essencialmente o mesmo que o do método de Myhill-Stegemeier, mas com algumas simplificações. As principais simplificações registadas são: (1) Assunção de que a capacidade térmica da rocha base e da rocha de cobertura é 1,2 vezes a capacidade térmica da rocha reservatório, (2) Simplificação da equação utilizada para o cálculo da eficiência térmica global do reservatório (Ehs), e (3) utilização de uma correlação para calcular o tempo crítico sem dimensão (tcD).[28]

2.2.7.2 Taxa de produção efectiva de petróleo da Jeff jones

A "Eficiência de Captura" de Jeff Jones converte a taxa de deslocação de petróleo (qod) de Myhill-Stegemeier para a taxa de produção real de petróleo. A "Eficiência de Captura" de Jeff Jones consiste em três elementos, AcD, VoD, VpD. O produto destes três elementos produz a "Eficiência de Captura". Ou seja,

$$Capture\ Efficienc = A_c \times V_{oD} \times V_{pD} \tag{2.20}$$

As fórmulas para AcD, VoD e VpD são dadas nas Eq. 2.21, Eq. 2.22 e Eq. 2.23. Estas fórmulas foram determinadas empiricamente por Jeff Jones utilizando dados de vários campos inundados de vapor.

$$A_{cD} = \left[\frac{A_s}{A\{0.11 \ln(\mu_{ol}/100)\}^{1/2}} \right]^2 \tag{2.21}$$

(Com estes limites: $0 \leq A_{cD} \leq 1.0$ e $A_{cD} = 1.0$ em $\mu_o \leq 100$ cp).

$$V_{oD} = (1 - \frac{N_d}{N} \frac{S_{oi}}{\Delta S_o})^{1/2} \tag{2.22}$$

(Com estes limites: $0 \leq V_{pD} \leq 1.0$ e $V_{pD} = 1.0$ em $S_g = 0$).

$$V_{pD} = \left(\frac{V_{s.inj} \times 5.615}{4360\ h_n\ \varphi\ s_g} \right)^2 \tag{2.23}$$

A área vaporizada (As) no cálculo da AcD é o modelo de Marx e Langenheim:

$$A_s = \frac{Qinj\ h_n\ M_1}{4\ k_h(t_s - t_f)M_2 \times 43560} \left(e^{t_D} \operatorname{erfc} \sqrt{t_D} + \sqrt{t_D/\pi} - 1 \right) \tag{2.24}$$

$$Q_{inj} = 14.6 \times i_s \times \{h_f + f_s h_{fg} - C_w(T_f - 32)\} \tag{2.25}$$

E

$$h_f = 91 \times P_s^{0.2574} \tag{2.26}$$

A taxa de produção de petróleo de Jeff Jones é então dada como,

$$q_o = q \times Capture\ Efficiency = q_{od} \times A_{cD} \times V_{oD} \times V_{pD} \tag{2.27}$$

Agora que a taxa de produção de petróleo por inundação a vapor foi obtida, podemos simplesmente calcular o fator de recuperação incremental de petróleo da inundação a vapor, assumindo que temos petróleo inicial no local ou que este pode ser avaliado pelo método volumétrico;

$$R.F = \frac{q_o \times t}{initial\ oil\ in\ place} \tag{2.28}$$

2.2.8. Modelo Gomma

As propriedades de óleos pesados que se classificam como candidatas ao alagamento a vapor precisam muitas vezes de ser seleccionadas para classificação de prioridades devido a limitações de orçamento, mão de obra, desenvolvimento e licenciamento. Além disso, são frequentemente realizados estudos de sensibilidade em projectos de vaporização para determinar os efeitos de várias estratégias operacionais no desempenho do projeto e na viabilidade económica.

As previsões de desempenho de alagamentos a vapor exigidas em tais estudos de triagem e de sensibilidade certamente podem ser feitas usando um ou mais dos modelos analíticos e empíricos disponíveis na literatura.[22-26]

Modelos numéricos de reservatórios que simulam o processo de inundação de vapor[30-34] também podem ser usados para fazer as previsões necessárias. Embora estes modelos analíticos e/ou numéricos possam ser suficientes, geralmente requerem cálculos algo demorados e exigem a utilização de um computador.

Há necessidade de um método simplificado e de fácil utilização para prever o desempenho da inundação de vapor.

Este método descreve o desenvolvimento de tal método e a sua base, procedimentos e limitações de aplicabilidade.

2.2.7.1   Conceitos e pressupostos básicos

O conceito básico do método consiste em definir o conjunto mínimo de parâmetros que têm maior influência na recuperação de óleo por inundação de vapor e que são fáceis de determinar para um determinado projeto.

A recuperação de óleo é então determinada como uma função destes parâmetros utilizando dados de campo e/ou simulação numérica. As correlações ou gráficos generalizados são preparados a partir destes resultados e utilizados para efeitos de previsão.[35]

Numa inundação de vapor, a recuperação de óleo deve depender de [35]

1. Propriedades da rocha, tais como permeabilidade, porosidade, compressibilidade, permeabilidade relativa, pressão capilar e rácio líquido/bruto
2. Propriedades dos fluidos, tais como gravidade específica, viscosidade, compressibilidade e relações PVT
3. Geometria da inundação, como a forma do padrão, o espaçamento e a espessura da areia
4. Propriedades térmicas como a condutividade térmica, a capacidade térmica e a expansão térmica
5. Condições do reservatório, como a saturação inicial de óleo, temperatura, pressão e saturação residual de óleo após a inundação com vapor
6. Condições de injeção, tais como taxa, pressão e qualidade do vapor.

Uma vez que a maioria das aplicações de inundação de vapor se centra em areias pouco profundas com petróleo pesado, foram utilizadas neste método características típicas de areias não consolidadas.

Isto significa que parâmetros como a permeabilidade absoluta, a pressão capilar, a compressibilidade, as propriedades térmicas e as propriedades dos fluidos não foram considerados como variáveis no desenvolvimento destas correlações. Em vez disso, estes parâmetros foram fixados em valores típicos aceitáveis.

Na maioria dos projectos, a temperatura e a pressão do reservatório antes da inundação de vapor são geralmente baixas. A baixa temperatura deve-se às baixas profundidades envolvidas nestes projectos, e a baixa pressão resulta principalmente da depleção do reservatório que ocorre durante a produção primária e/ou estimulada antes da inundação por vapor.

Com a baixa temperatura e pressão iniciais do reservatório, quaisquer variações nos seus valores de uma área para outra seriam insignificantes em comparação com as temperaturas e pressões do vapor injetado. Portanto, valores típicos também poderiam ser assumidos e mantidos inalterados para esses dois parâmetros. [35]

A permeabilidade relativa das areias pesadas e a sua variação com a temperatura são provavelmente os parâmetros mais difíceis de medir ou prever entre os acima mencionados.

Mesmo quando estão disponíveis medições de algumas amostras de testemunhos, estas podem não ser representativas de todo o reservatório. Assim, existe quase sempre uma incerteza considerável em qualquer conjunto de valores de permeabilidade relativa utilizados num estudo.

Por conseguinte, considerou-se prático neste trabalho utilizar um conjunto de curvas típicas de areias petrolíferas pesadas não consolidadas. A normalização dos eixos de saturação de tais curvas permitiria a utilização de diferentes saturações de óleo residual. [35]

A fixação dos parâmetros acima nos seus valores típicos reduziu os parâmetros independentes que influenciam a recuperação de óleo à porosidade, razão líquida/bruta, espessura do reservatório, saturação inicial de óleo, saturação residual de óleo após a inundação de vapor, forma do padrão, espaçamento, taxa de injeção e qualidade do vapor. O simulador numérico de inundação de vapor[33] de Coats et al foi então utilizado num estudo de sensibilidade para determinar o efeito de cada um destes parâmetros na recuperação de petróleo e para fornecer os resultados necessários para o desenvolvimento das correlações. [35]

2.2.8.2 Efeito de vários parâmetros na recuperação de petróleo

O efeito de cada parâmetro na recuperação de óleo foi investigado através da variação do seu valor ao longo de um intervalo razoável, enquanto os outros foram fixados nos seus valores típicos.

Em geral, os efeitos qualitativos observados estavam de acordo com as conclusões feitas por investigadores anteriores. No entanto, esta análise foi alargada para quantificar estes efeitos e para desenvolver um método de previsão da recuperação de óleo. Os resultados são resumidos da seguinte forma. [35]

2.2.7.1.1 Porosidade

Os reservatórios de alta porosidade produzem mais petróleo por barril de vapor injetado do que os reservatórios de baixa porosidade devido à maior fração de calor utilizada nestes últimos para aquecer a rocha sólida. Mas numa base de recuperação fraccionada, o efeito da porosidade torna-se insignificante desde que a taxa de injeção de vapor por unidade de volume do reservatório seja fixa (Fig. 2.3). [35]

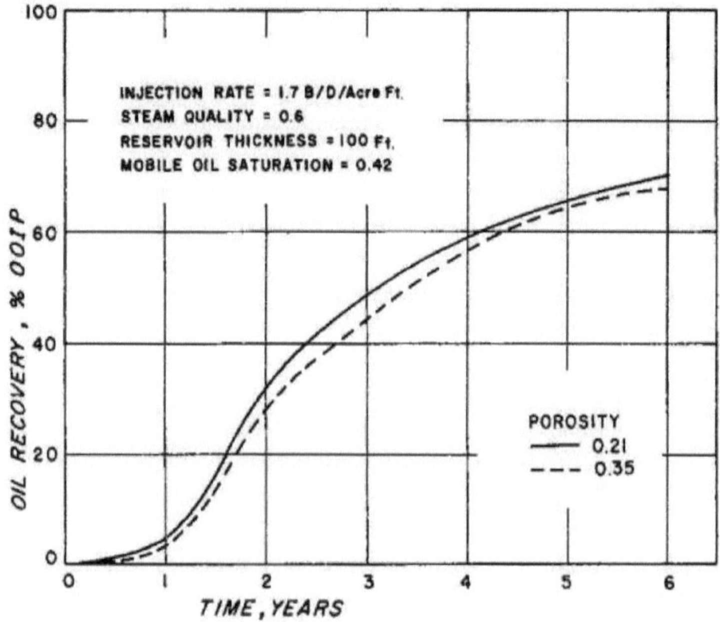

Figura 2.3: Efeitos da porosidade na recuperação de petróleo por inundação a vapor[35]

2.2.7.1.2 Espessura do reservatório

A Fig. 2.4 mostra o efeito da espessura do reservatório na recuperação de petróleo para uma taxa fixa de injeção de vapor por unidade de volume do reservatório.

Quanto mais espesso for o reservatório, maior será a recuperação num determinado momento. Isto deve-se basicamente ao facto de a perda de calor dos reservatórios finos para os estratos sobrejacentes e subjacentes ser mais significativa em relação à entrada total de calor.

Por conseguinte, foi determinado que o calor líquido injetado daria uma melhor correlação.

O calor líquido injetado é igual à entalpia total do vapor injetado menos o calor perdido para os estratos sobrejacentes e subjacentes.

Quando a recuperação de petróleo foi traçada em função do calor líquido injetado por unidade de volume do reservatório (Fig. 2.5), todas as curvas se tornaram quase idênticas. [35]

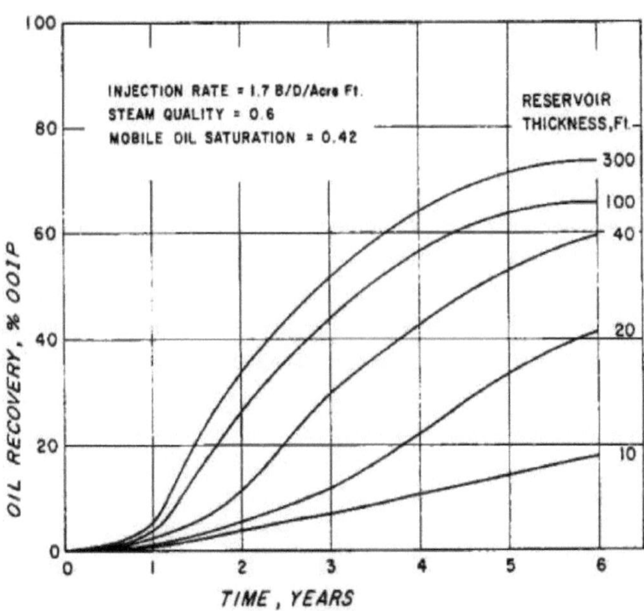

Figura 2.4: Efeito da espessura do reservatório na recuperação de óleo por inundação a vapor[35]

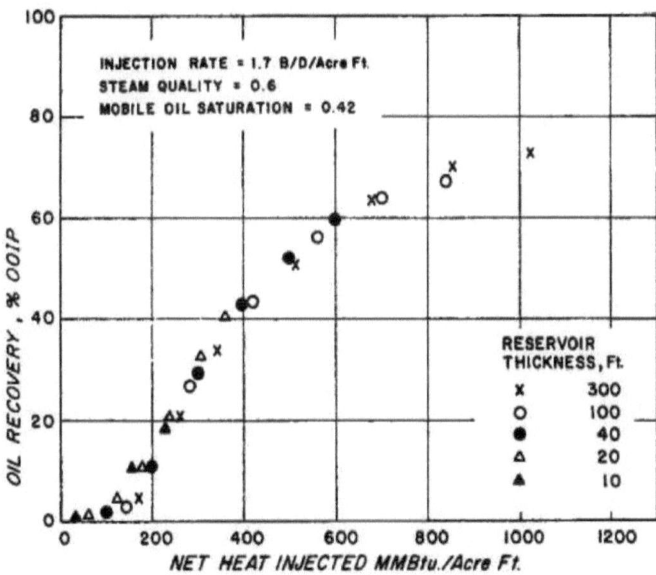

Figura 2.5: Efeito da espessura do reservatório na recuperação de óleo por inundação a vapor[35]

2.2.7.1.3 Rácio líquido/bruto

Um reservatório pode conter algumas faixas descontínuas de xisto, de modo a que a sua espessura produtiva líquida seja inferior ao intervalo bruto sem diminuir a comunicação vertical. Esta situação foi modelada utilizando porosidade e permeabilidade efectivas iguais ao produto da razão líquido/bruto e da porosidade e permeabilidade da areia, respetivamente.

A espessura do reservatório foi então considerada como o intervalo bruto. A recuperação de petróleo deste caso foi comparada com a de uma areia limpa com uma espessura igual ao intervalo produtivo líquido.

A Fig. 2.6 mostra esta comparação, que indica que, para uma taxa de injeção fixa por unidade de volume bruto do reservatório, a areia xistosa tem aparentemente uma recuperação ligeiramente melhor. Este facto resulta principalmente de uma menor perda de calor para os estratos sobrejacentes e subjacentes do reservatório xistoso devido à sua maior espessura.

Quando a recuperação fraccionada de petróleo dos dois casos foi traçada em função do calor líquido injetado, como discutido anteriormente, as diferenças desapareceram. Isto sugere que, na inundação de areias xistosas com vapor, a taxa de injeção deve basear-se no intervalo bruto e a produção de petróleo no intervalo líquido. Como resultado, as areias xistosas exigiriam rácios de vapor/óleo mais elevados do que as areias limpas.[35]

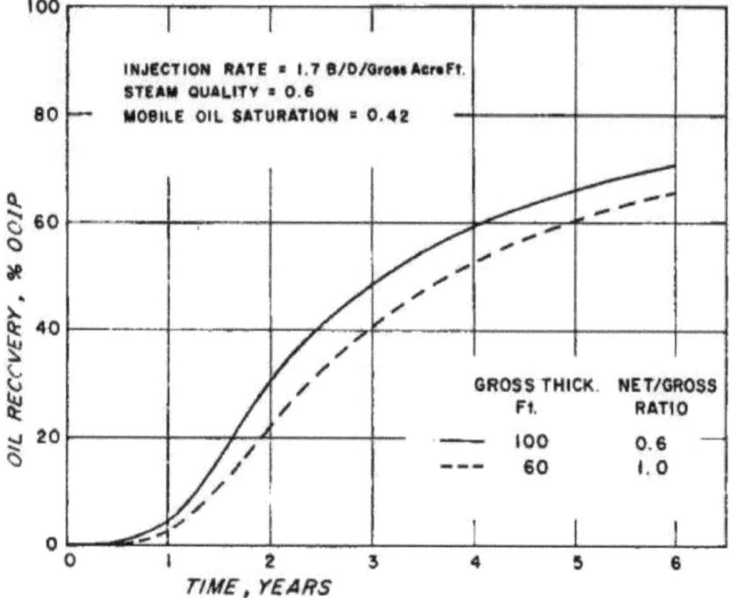

Figura 2.6: Efeito do rácio líquido/bruto na recuperação de óleo por inundação a vapor[35]

2.2.8.2. 4Saturação de óleo móvel

Neste trabalho, a saturação de óleo móvel foi definida como:

$$S = S_{oi} - S_{ors} \tag{2.29}$$

Onde S_{om} = saturação inicial de óleo móvel, So = saturação inicial de óleo antes da inundação com vapor, e S_{ors} = saturação residual de óleo após a inundação com vapor. Verificou-se que a recuperação de óleo por inundação a vapor (expressa como fração de óleo móvel no local) está muito bem correlacionada com S_{om}.

Um aumento no valor de S_{om} provoca um aumento tanto na recuperação final como na taxa de recuperação. [35]

2.2.8.2.   5Forma do padrão, espaçamento e taxa de injeção

Neste trabalho, foram modeladas duas formas de padrão: cinco pontos e sete pontos. Verificou-se que nem a forma do padrão nem o espaçamento influenciaram a curva de recuperação de petróleo, desde que a taxa de injeção por unidade de volume do reservatório fosse fixa.

O resultado também foi condicionado à ausência de qualquer limitação à produtividade do poço no simulador.

Por conseguinte, a diferença básica entre o rácio produtor-injetor dos padrões de cinco e sete pontos deixa de fazer sentido. Em projectos reais no terreno, onde possam existir limitações à produtividade dos poços, pode ser dada preferência a padrões com rácios produtor-injetor mais elevados.

No entanto, deve ter-se cuidado ao considerar um modelo com localizações não uniformes dos produtores em relação aos injectores, por exemplo, o modelo nine-spot. Isto pode causar uma rutura de vapor mais cedo, uma menor eficiência de varrimento e, talvez, uma perda na recuperação final de petróleo. [35]

Verificou-se que a taxa de injeção de vapor é melhor expressa por unidade de volume do reservatório, o que elimina o efeito de vários parâmetros geométricos. No entanto, mesmo nesta forma, verificou-se que a taxa de injeção tem um ligeiro efeito na recuperação de petróleo. Este efeito não foi considerado neste trabalho. [35]

2.2.8.2.6 Qualidade do vapor

A Fig. 2.7 mostra o efeito da qualidade do vapor injetado na recuperação de óleo a uma taxa de injeção fixa.

Como seria de esperar, uma maior qualidade do vapor resultou numa recuperação de óleo mais elevada e mais rápida. No entanto, quando os dados foram convertidos para uma base de calor líquido injetado, as diferenças não desapareceram (Fig. 2.8). Por outras palavras, para qualquer valor fixo de calor líquido injetado, a recuperação de óleo depende da qualidade do vapor.

Como indica a Fig. 2.8, o efeito da qualidade é um pouco complexo. A recuperação de óleo aumenta com a qualidade até um certo ponto e depois diminui, indicando uma qualidade óptima do vapor na ordem dos 40%.

Acredita-se que isto seja causado por pelo menos dois factores: (1) os efeitos combinados do volume de vapor e da viscosidade e (2) a anulação do vapor e o subtratamento do líquido no reservatório. [35]

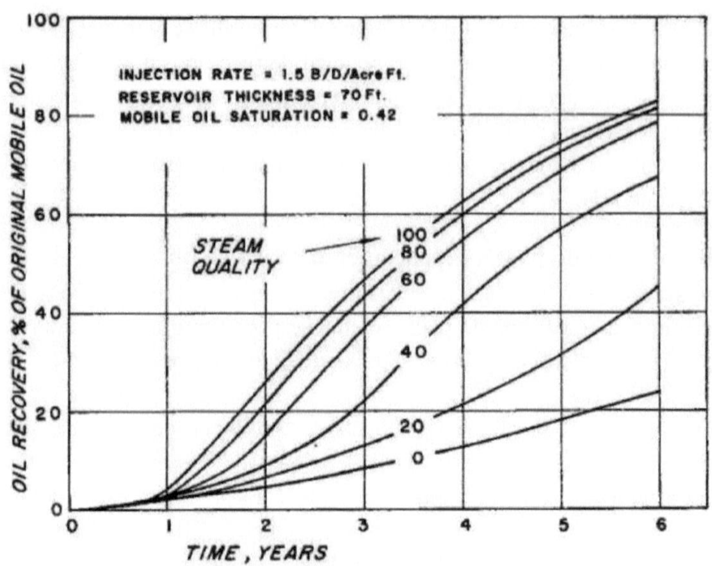

Figura 2.7: Efeito da qualidade do vapor na recuperação de óleo[35]

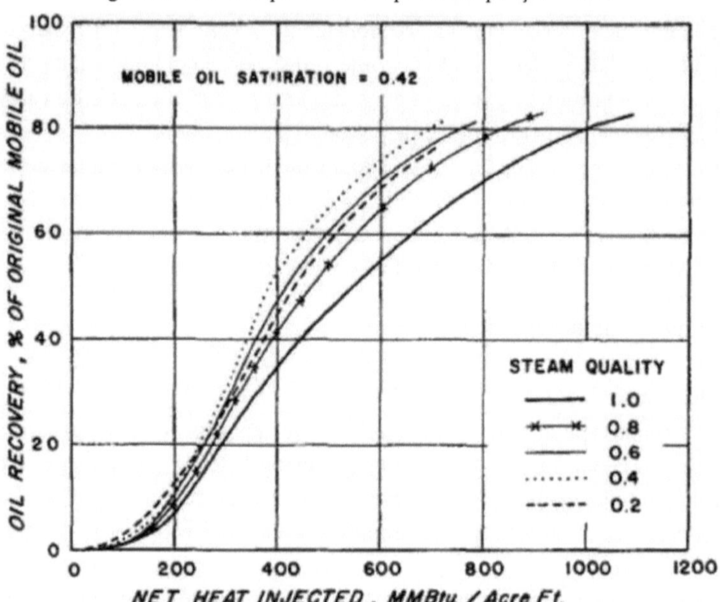

Figure 2.8:   Efeito da qualidade do vapor na recuperação de óleo[35]

2.2.8.2.7   Fator de utilização de calor

É evidente que a qualidade do vapor tem um efeito pronunciado na recuperação de petróleo por inundação a vapor. Além de ser um fator necessário para determinar o calor total injetado, a qualidade tem também um efeito nas características de deslocamento. Para quantificar este último efeito, a quantidade "calor efetivo injetado" é introduzida e definida como a fração do calor líquido injetado que é efetivamente utilizada no reservatório. Por outras palavras, é o calor líquido mínimo necessário para obter uma determinada recuperação de petróleo. A relação entre o calor efetivamente injetado e o calor líquido injetado é definida como o "fator de utilização do calor":[35]

$$Q_e = Y\, Q_{in} \tag{2.30}$$

Onde Q_e = calor efetivo injetado (MMBtu/acre-ft), Q_{inj} = calor líquido injetado (MMBtu/acre-ft), e Y = fator de utilização do calor.

O fator de utilização de calor pode ser visto como uma medida da eficiência com que o vapor húmido aquece e desloca o petróleo no reservatório. Por outras palavras, representa uma espécie de eficiência global da varredura e é responsável, pelo menos em parte, pelo calor perdido com os fluidos produzidos, especialmente após a rutura. [35]

A partir dos dados da Fig. 2.8 e de outros gráficos semelhantes para diferentes S_{om}, foi obtida uma correlação para o fator Y em função da qualidade do vapor. Foi utilizado o seguinte procedimento.

1. Para um valor fixo de recuperação de petróleo na Fig. 2.8, foram lidos os valores de calor líquido injetado correspondentes às diferentes qualidades de vapor.
2. Os valores de calor líquido injetado foram traçados em função da qualidade para determinar o calor líquido mínimo necessário para esse valor de recuperação. Este mínimo, evidentemente, é o calor efetivo definido anteriormente.
3. Os factores de utilização de calor (Y) foram então calculados como a razão entre os valores de calor efetivo e líquido injetado para cada qualidade de vapor.
4. Os passos 1, 2 e 3 foram repetidos para vários valores de recuperação de óleo e para vários valores de saturação de óleo móvel ( ). S_{om}
5. Os resultados foram então correlacionados para dar a relação média entre Y e a qualidade do vapor. Esta correlação é mostrada na Fig. 2.9. [35]

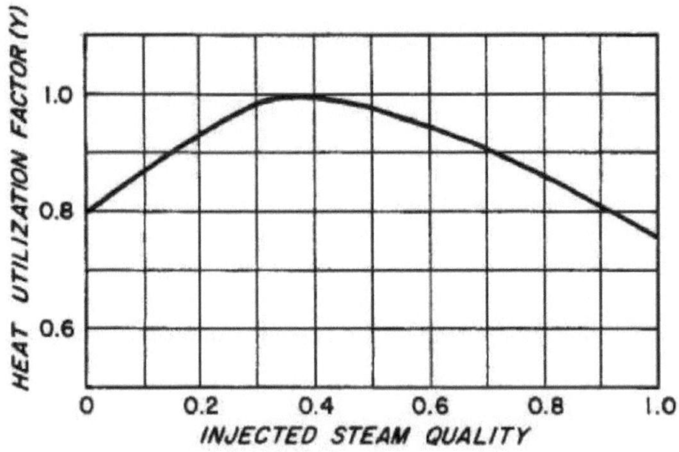

Figure 2.9: Fator de utilização de calor em função da qualidade do vapor[35]

A correlação na Fig. 2.9 mostra uma qualidade de vapor óptima ligeiramente inferior a 40%. Com este valor ótimo de qualidade do vapor, o fator de utilização do calor é 1,0 e o calor líquido necessário é mínimo.

1.1.1.1.8 Perda de calor vertical

Os resultados da simulação foram utilizados para correlacionar a perda de calor vertical para os estratos sobrejacentes e subjacentes com algumas variáveis independentes; assim, o calor líquido injetado pode ser calculado para qualquer sistema dado. Das variáveis discutidas anteriormente, apenas a espessura do reservatório, a taxa de injeção e a qualidade do vapor mostraram efeitos consistentes na perda de calor. Grande espessura do reservatório, alta taxa de injeção e alta qualidade do vapor resultam em baixa perda de calor como uma fração da entrada e vice-versa.

Os efeitos da taxa de injeção e da qualidade do vapor foram combinados, juntando as duas variáveis como a taxa de injeção de calor. A variação da perda de calor com o tempo foi negligenciada neste estudo. A Fig. 2.10 mostra a percentagem de perda de calor em função da espessura e da taxa de injeção de calor por unidade de volume do reservatório. A correlação indicou que para reservatórios com espessura superior a 180 pés, a perda de calor é da ordem de 15% da entrada e é quase independente da espessura.[35]

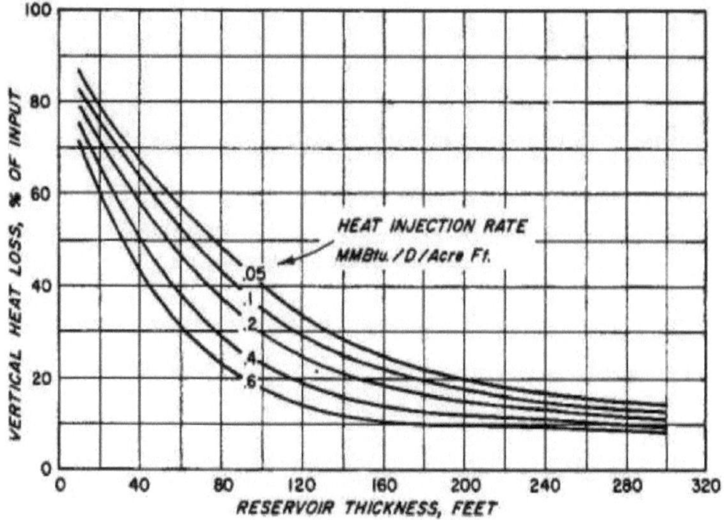

Figura 2.10: Perda de calor para estratos sobrejacentes e subjacentes[35]

2.2.8.3 Previsão da recuperação de óleo por inundação de vapor

Conforme discutido, os resultados da simulação indicaram boas correlações entre a recuperação de óleo por inundação de vapor e tanto o calor efetivo injetado por unidade de volume do reservatório como a saturação inicial de óleo móvel. Assim, todos os resultados disponíveis foram utilizados para construir um grupo de curvas relacionando estes três parâmetros (Fig. 2.11). [35]

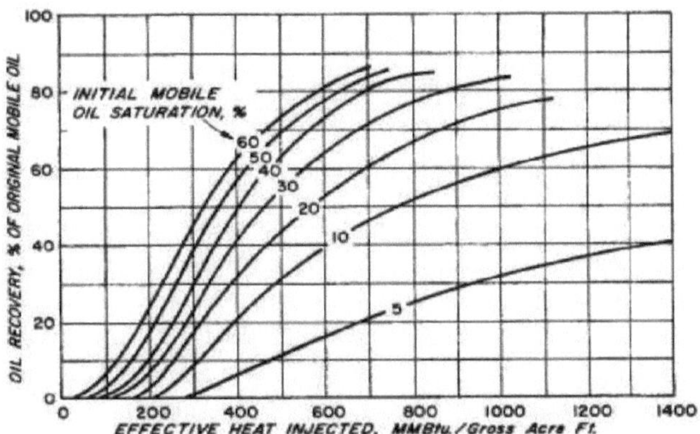

Figura 2.11: Recuperação de óleo por inundação de vapor em função do calor efetivo injetado e da saturação de óleo móvel[35]

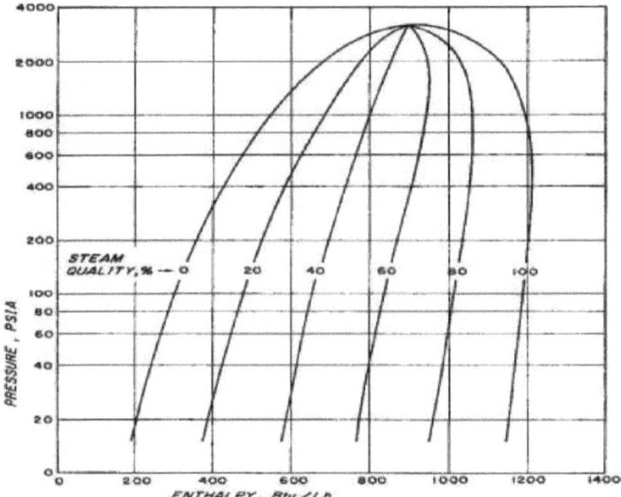

Figura 2.12: Entalpia do vapor húmido em função da qualidade e da pressão[35]

O procedimento para usar a Fig. 2.11 para prever a recuperação de óleo para um determinado fluxo de vapor pode ser resumido da seguinte forma.

1. Leia a perda de calor vertical (f_{hv}) como fração da entrada na Fig. 2.10.
2. Leia o fator de utilização de calor (Y) da Fig. 2.9.
3. Calcular o calor líquido injetado (Q_{inj}) em MMBtu/acre-ft bruto a partir de

$$Q_{inj}=0.128\sum[Ih(1-f_{hv})\Delta t]_i \qquad (2.31)$$

Onde I = taxa de injeção (B/D/acre-ft bruto), h = entalpia (Btu/Ibm) da Fig. 2.12, Δt = incremento de tempo (anos), e i = índice de incrementos de tempo.

4. Calcule o calor efetivamente injetado (Q_e)em MMBtu/acre-ft bruto a partir da Eq. 2.30.
5. Leia a recuperação de óleo da Fig. 2.11.

31

6. Repetir os passos 3, 4 e 5 tantas vezes quantas as necessárias até atingir a recuperação final. [35]

Note-se que a recuperação de óleo prevista na Fig. 2.11 deve ser considerada como a resposta combinada da inundação de vapor e da resposta primária.

2.2.8.4 Limitações da aplicabilidade

As correlações devem ser úteis na previsão da recuperação de petróleo e da relação óleo/vapor para projectos de inundação a vapor que tenham características de reservatório semelhantes ou próximas da gama das descritas acima. Deve-se ter cuidado ao usar o método para reservatórios com características fora desse intervalo. Isto é especialmente importante se forem necessários valores precisos de recuperação de óleo e de razão óleo/vapor. Além disso, se forem necessários pormenores das distribuições de saturação, temperatura e pressão, recomenda-se a utilização de simuladores numéricos de reservatórios. Se as previsões da recuperação de óleo e do rácio óleo/vapor forem necessárias para o rastreio de propriedades e análise de sensibilidade, este método deverá ser satisfatório na maioria dos casos.[35]

3. Desenvolvimento de correlações

Nesta investigação, foi utilizado um software estatístico chamado SPSS em alguns conjuntos de dados de campo. Para simplificar, foi utilizado o método de regressão linear múltipla.

3.1. SPSS

O IBM SPSS Statistics é uma aplicação informática que suporta a análise estatística de dados. Permite o acesso e a preparação de dados em profundidade, relatórios analíticos, gráficos e modelação. Este software tem uma secção para muitos tipos de métodos de regressão que podem ser lançados em diferentes conjuntos de dados, se disponíveis.

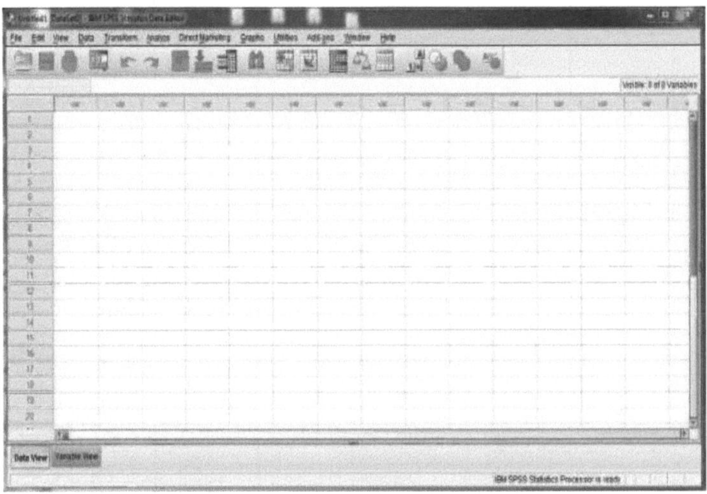

Figura 3.1: Esquema da página principal do SPSS

3.2. Regressão Linear

Em estatística, a regressão linear é uma abordagem para modelar a relação entre uma variável dependente escalar y e uma ou mais variáveis independentes denotadas por X. O caso de uma variável independente é designado por regressão linear simples. Para mais do que uma variável independente, o processo é designado por regressão linear múltipla.

Para validar o nosso resultado (regressão linear múltipla), temos de verificar um parâmetro chamado R-quadrado. O R-quadrado é uma medida estatística da proximidade entre os dados e a reta de regressão ajustada. Também é conhecido como o coeficiente de determinação ou o coeficiente de determinação múltipla para a regressão múltipla.

O R-quadrado representa a quantidade de variação no resultado que pode ser explicada pelas variáveis independentes no seu modelo. Se o seu R-quadrado for, digamos,

0,15, então 15% da variação no seu resultado é explicada pela(s) sua(s) variável(eis) independente(s). O R-quadrado varia entre 0 e 1.

De acordo com as explicações acima, quanto maior o R-quadrado, melhor o modelo se ajusta aos dados.

3.3. Dados de campo

Os dados de campo utilizados neste livro foram recolhidos da literatura e tabulados nos Quadros 3.1 e 3.2.

Tabela 3.1: Dados de inundação de vapor bem sucedida

case Number	Field	Depth(ft)	Reservoir Pressure (Psig)	Net Pay (ft)	Oil Viscosity (cp)	Permeability (md)	Mobility (md-ft/cp)
1	Kern River, CA[36,37]	900	35	60	4000	4000	60
2	Inglewood, CA[38]	1000	120	43	1200	1200	220
3	Coalinga, CA[39]	1500	300	50	100	1000	500
4	Yorba Linda, CA[40]	2100	200	32	85	500	188
5	San Ardo Auginac, CA[45]	2350	250	150	2000	3000	225
6	Yorba Linda, CA[40]	650	300	325	6400	600	30
7	South Belridge, CA[41]	1100	180	91	1600	3000	170
8	Midway-Sunset, CA[44]	1600	50	350	4000	4000	350
9	Smackover, AR[42]	2000	5	20	75	5000	1330
10	Tia Juana, Venezuela[43]	1600	300	125	5000	2800	70

Tabela 3.2: Dados de inundações de vapor com sucesso contínuo

Case number	Field	Oil Saturation (%)	Porosity (%)	Recovery (% OIP)
1	Kern River, CA	50	35	68
2	Inglewood, CA	64	39	50
3	Coalinga, CA	57	31	39
4	Yorba Linda, CA	49	30	62
5	San Ardo Auginac, CA	–	39	44
6	Yorba Linda, CA	63	30	55
7	South Belridge, CA	75	33	60
8	Midway-Sunset, CA[19]	60	32	65
9	Smackover, AR	80	36	33
10	Tia Juana, Venezuela	85	38	45

3.4. Modelo e resultados

Depois de muito esforço, descobriu-se que o Fator de Recuperação da inundação de vapor pode ser melhor ajustado por estas três variáveis independentes, ou seja, a pressão do reservatório, a mobilidade do fluido do reservatório e a porosidade através de uma equação de regressão linear múltipla.

Esta regressão foi efectuada em todos os conjuntos de dados acima referidos, exceto nos casos 5 e 9, que foram utilizados para verificar se o nosso modelo pode ou não ser validado.

Os resultados da regressão são apresentados a seguir:

Quadro 3.3: Resumo do modelo

Model	R	R Square	Adjusted R Square	Std. Error of the Estimate
1	.983[a]	.965	.939	2.49935

a. Preditores: (Constante), pressão, mobilidade, porosidade

Tabela 3.4: Coeficientes[a]

Model	Unstandardized Coefficients		Standardized Coefficients	t	Sig.	95.0% Confidence Interval for B	
	B	Std. Error	Beta			Lower Bound	Upper Bound
(Constant)	129.992	10.530	-	12.344	.000	100.755	159.229
porosity	-1.584	.287	-.547	-5.527	.005	-2.380	-.788
mobility	-.032	.006	-.509	-5.277	.006	-.049	-.015
pressure	-.081	.009	-.876	-9.165	.001	-.105	-.056

a. Variável dependente: Recuperação

De acordo com a Tabela 3.4, o modelo que derivámos é:

$$Recovery\ Factor = 129.992 - 1.584\varphi - 0.032M - 0.081P \tag{3.1}$$

em que φ ou porosidade está em porcentagem (%), M é a mobilidade em (mD.ft/cp) e P é a pressão do reservatório em Psig.

Deve ser salientado que a Eq. 3.1 prevê o fator de recuperação incremental do óleo de inundação de vapor para o qual o vapor foi inundado durante cerca de 11 anos.

A Tabela 3.3 mostra um valor de 0,965 para o R-quadrado, o que nos dá a sensação de que este modelo é bastante decente. Para verificar o nosso modelo, como já foi referido, foram testados os casos 5 e 9 e os resultados do erro percentual relativo são apresentados em seguida:

Quadro 3.5: Investigação do erro do modelo

case number	Real R.F Value (%)	Predicted R.F Value (%)	Relative Percent Error (%)
5	44	40.76	7.36
9	33	30	9.09

CAPÍTULO 4

4. Conclusões e recomendações

Neste estudo, foi obtida uma correlação para a previsão do fator de recuperação de óleo de inundação por vapor através do método de regressão em 10 conjuntos de dados de inundação por vapor. Com base nos resultados deste estudo, são obtidas as seguintes conclusões e recomendações.

4.1. Conclusões

1. Foi desenvolvida uma correlação para prever o fator de recuperação da inundação de vapor em termos de pressão do reservatório, porosidade e mobilidade.
2. Os resultados previstos foram confirmados de forma decente com dois conjuntos de dados reais de campo.
3. As percentagens de erro relativo são de valores baixos, tecnicamente inferiores a 10%, o que indica que o nosso modelo prevê o fator de recuperação da inundação de vapor de forma praticamente satisfatória.

4.2. Recomendações

1. A utilização desta correlação deve ser feita com precaução. Por exemplo, os dados utilizados para fazer esta correlação são de reservatórios de arenito americano, portanto, os reservatórios de carbonato são uma limitação na qual esta correlação não necessariamente daria respostas decentes.
2. A correlação deve ser útil na previsão da recuperação de petróleo para projectos de inundação de vapor que tenham características de reservatório semelhantes ou próximas da gama das descritas no capítulo três. Deve-se ter cuidado novamente ao usar o método para reservatórios com características fora dessa faixa. Isto é especialmente importante se forem necessários valores exactos de recuperação de petróleo.

Referências

1. Zohouri, I.: "EOR Screening Criteria", Universidade de Tecnologia do Petróleo, Ahwaz, Irão, pp.4-8, (junho de 2008).
2. Hobson, G. D. e Tiratsoo, E. N.: "Introduction to Petroleum Geology", Scientific Press. ISBN 9780901360076, 1975.
3. Walsh, M. e Lake, L. W.: "A Generalized Approach to Primary Hydrocarbon Recovery", Handbook of Petroleum Exploration and Production, 2003.
4. Organização para a Cooperação e Desenvolvimento Económico, "21st Century Technologies", OECD Publishing, ISBN 9789264160521, p. 39.
5. Charles, S.: "Mechanics of Secondary Oil Recovery", Reinhold Pub Corp, (1966).
6. Departamento de Energia dos Estados Unidos, Washington: "Enhanced Oil Recovery/CO2 Injection", (2011).
7. Electric Power Research Institute, Palo Alto, CA: "Enhanced Oil Recovery Scoping Study". Relatório final, n.º TR-113836, (1999).
8. Doze, U.S.: "Enhanced Oil Recovery", Conselho Nacional do Petróleo, Washington, DC (1984).
9. Mercado de recuperação avançada de petróleo (EOR): "Análise global da indústria, dimensão, partilha, crescimento, tendências e previsões", 2013 - 2023.
10. Chandra, S.: "Improved Steam Flood Analytical Model", Texas A&M University, (agosto de 2005).

11. Hong, K. C.: "Steam Flood Reservoir Management", PennWell Books, Universidade de Tulsa, (1994).
12. Prats, M.: "A Current Appraisal of Thermal Recovery," J. Pet. Tech, pp.1129-1136 (agosto de 1978).
13. Partha, S. S. e David, K. O.: "Practical Aspects of Steam Injection Processes", a Handbook for Independent Operators, (outubro de 1992).
14. Chappelle, H. H., Emsurak, G. P. e Obemyer, S. L.: "Screening and Evaluation of Enhanced Oil Recovery at Teapot Dome in the Shannon Sandstone a Shallow, Heterogeneous Light Oil Reservoir", SPE/DOE paper 14919, (Abr. 1986).
15. Sahuquet, B. C. e Ferrier, J. J.: "Piloto de acionamento de vapor em um reservatório carbonático fraturado do Campo Superior de Lacq", J. Pet. Tech., v. 34, No. 4, pp. 873-80, (abril de 1982).
16. Doscher, T. M. e El-Arabi, M. A.: "Steamflooding Strategy for Thin Sands", apresentado na Reunião Regional da Califórnia de 1983, Ventura, CA, documento SPE 11679.
17. Hall, A. L. e Bowman R. W.: "Operation and Performance of the Slocum Thermal Recovery Project", J. Pet. Tech. v. 25, pp. 402-408, (abril de 1973).
18. Volek, C. W. e Pryor, J. A.: "Steam Distillation Drive, Brea Field California", J. Pet. Tech., v. 24, No. 8, pp. 899-906, (agosto de 1972).
19. Yan, C. Z. e Mengyi, Z.: "Effects of Oil Viscosity on the Steam Recovery Efficiency", Documento 20 apresentado na China-Canada Heavy Oil Tech, (outubro de 1987).
20. Doscher, T. M.: "Limitations on the Oil-Steam Ratio for Truly Viscous Crudes", apresentado na Reunião Regional da Califórnia, Ventura, CA, documento SPE 11681 (março de 1983).
21. O Departamento de Energia dos Estados Unidos da América e o Ministério da Energia e Minas da República da Venezuela: "Supporting Technology for Enhanced Oil Recovery of Steamflood Predictive Model", (dezembro de 1986).
22. Marx, J.W e Langenheim, R.H.: "Reservoir Heating by Hot Fluid Injection," Trans, AIME 216, pp. 312-314, (1959).
23. Carter, R.D. Apêndice ao artigo de C.C. Howard e C.R. Fast. Características óptimas do fluido para a extensão da fratura. Drilling and Prod. Prac API (1957) p 267.
24. Mandl, G. e Volek, C.W.: "Heat and Mass Transport in Steam Drive Processes," Soc. Pet. Eng. J. 59-79; Trans, AIME, 246, (março de 1969).
25. Boberg, T.C. e Lantz, R.B.: "Calculation of the Production Rate of a Thermally Stimulated Well," J. Pet. Tech., pp.1613-23, (dezembro de 1966).
26. Neuman, C.H.: "A Mathematical Model of the Steam Drive Process - Applications," documento SPE 4757 apresentado na SPE 50th 1975 Annual Technical Conference and Exhibition, Dallas, (28 de setembro - 1 de outubro).
27. Myhill, N.A. e Stegemeier, G.L.: "Steam-Drive Correlation and Prediction," J. Pet. Tech., 173-182, (Fev. 1978).
28. Jones, J.: "Steam Drive Model for Hand-Held Programmable Calculators," J. Pet. Tech., pp.1583-1598, (setembro de 1981).
29. Lookeren, V. J.: "Calculation methods for Linear and Radial Steam Flow in Oil Reservoirs", documento SPE 6788 apresentado na Conferência e Exposição Técnica Anual SPE 52nd de 1977, Denver, (9-12 de outubro de 1977).
30. Shutler, N.D.: "Numerical, Three-Phase Model of the Linear Steamflood Process," Soc. Pet. Eng. J., pp.232-246; Trans., AIME, vol.246, (junho de 1969).
31. Shutler, N.D.: "Numerical Three-Phase Model of the Two-Dimensional Steamflood Process," Soc. Pet. Eng. J., pp.405-417; Trans., AIME, 249, (Dez. 1970).
32. Vinsome, P.K.: "A Numerical Description of Hot-Water and Steam Drives by the Finite Difference Method," documento SPE 5248 apresentado na 49ª Reunião Anual de outono da SPE, Houston, (6-9 de outubro de 1974).
33. Coats, K.H., George, W.D. e Marcum, B.E.: "Three-Dimensional Simulation of Steam Flooding," Soc. Pet. Eng. J., pp.573-592; Trans., AIME, 257, (Dez. 1974).
34. Coats, K.H.: "Simulation of Steam Flooding With Distillation and Solution Gas," Soc. Pet. Eng. J.,

pp. 235-247, (Out. 1976).

35. Gomaa, E.E. "Correlations for Predicting oil Recovery by Steam Flood", Society of Petroleum Engineers, (abril de 1979).

36. Blevins, T.R. e Billingsley, R.H.: "The Ten-Pattern Steam Flood, Kern River Field, California," J. Pet. Tech., pp.1505-1514; Trans., AIME, 259, (Dez. 1975)

37. Bursell, C. G. e Pittman, G.M.: "Performance of Steam Displacement in the Kern River Field," J. Pet. Tech., pp.997-1004, (agosto de 1975).

38. Blevins, T.R., Aseltine, R.J., e Kirk, R.S., "Analysis of a Steam Drive Project, Inglewood Field, California," JPT, pp. 1141-50, (setembro de 1969).

39. Barry M. T. "Zone 1 Steam Project, Coalinga Field", Journal of Petroleum Technology, pp.511-516, (Dez 1981).

40. Cook, D.L.: "Influence of Silt Zones on Steam Drive Performance Upper Conglomerate Zone, Yorba Linda Field, California," J. Pet. Tech., pp.1397-1404, (Nov. 1977)

41. Gates, C.F. e Brewer, S.W.: "Steam Injection into the D and E Zone, Tulare Formation, South Belridge Field, Kern County, California," J. Pet. Tech., pp.343-348, (março de 1975).

42. Smith, R. V., Templeton, E. E., Bertuzzi, A.F. e Clampitt. R.L.: "Recovery of Oil by Steam Injection in the Smackover Field, Arkansas", SPE, pp.883 - 889, (abril de 1973).

43. Herrera, A.J.: "The M6 Steam Drive Project Design and Implementation", J. Cdn. Pet. Tech., pp.62-83, (julho-setembro de 1977).

44. Duerksen, J.H., Webb, M.G. e Gomaa, E.E.: 'Status of the Section 26C Steamflood, Midway-Sunset Field, California," documento SPE 6748 apresentado na SPE- AIME 52nd Annual Fall Technical Conference and Exhibition, Denver, (9-12 de outubro de 1977).

45. Traverse, E.F., Deibert, A.D. e Sustek, A.J.: "San Ardo-A Case History of a Successful Steamflood" SPE 11737, (março de 1983).

More
Books!

info@omniscriptum.com
www.omniscriptum.com
OMNIScriptum